Dilip Kumar
Gagandeep Kaur

TECNOLOGIA AEROPONICA: Benção, Maldição e Automação

Dilip Kumar
Gagandeep Kaur

TECNOLOGIA AEROPONICA: Benção, Maldição e Automação

ScienciaScripts

Imprint

Cover image: www.ingimage.com

This book is a translation from the original published under ISBN 978-3-659-85756-0.

Publisher:
Sciencia Scripts
is a trademark of
Dodo Books Indian Ocean Ltd. and OmniScriptum S.R.L publishing group

120 High Road, East Finchley, London, N2 9ED, United Kingdom
Str. Armeneasca 28/1, office 1, Chisinau MD-2012, Republic of Moldova, Europe
Printed at: see last page
ISBN: 978-620-8-29871-5

Prefácio

O termo Aeroponia significa cultivar plantas sem usar solo e água como meio; mantendo todos os parâmetros essenciais para o crescimento das plantas. Os parâmetros são a temperatura, a humidade, o pH e a condutividade eléctrica da solução nutritiva, etc., resultando num ambiente condicionado. A vantagem da utilização da Aeroponia é o crescimento mais saudável das plantas e a obtenção de frutos nutritivos, consumindo menos quantidades de nutrientes e água. Ao adotar esta técnica, é possível produzir frutos frescos e saudáveis durante todo o ano. Na última década, o sistema aeropónico é utilizado para o cultivo de batatas e para a produção de sementes de batata.

Este livro apresenta uma nova abordagem para a conceção de sistemas de monitorização e controlo para distribuir a solução nutritiva à cultura na quantidade adequada e no momento adequado, ou seja, a dose exacta no momento exato. O sistema deve ser capaz de monitorizar a temperatura, a humidade e o pH em intervalos de tempo específicos. O sistema incorporado utilizado para controlar todos os parâmetros é fiável e bem conservado para evitar qualquer risco de condições críticas como o mau funcionamento do sistema. Este sistema conduz a um ambiente livre de agentes patogénicos e mais saudável.

A cabaça amarga é intensamente utilizada para fins medicinais em todo o mundo porque está repleta de vitaminas essenciais e muitos antioxidantes benéficos que curam doenças respiratórias, sistema imunitário, fígado, diabetes, obstipação, rins, bexiga, doenças cardíacas e infecções cutâneas. Também é consumida como vegetal. Segundo a FAO, a Índia ocupa o segundo lugar na produção de legumes, a seguir à China. A Índia ocupa o quarto lugar na produção de cabaça amarga. A produção de cabaça amarga está sujeita a muitos condicionalismos. Não há dúvida de que a produção aumentou, mas os produtores estão confrontados com uma série de problemas, como pragas e doenças, custos de mão de obra elevados, falta de sensibilização para a produção vegetal, etc. O solo é a principal plataforma para o desenvolvimento destas pragas e infecções, o que resulta no crescimento de vegetação infetada, levando a uma menor produção agrícola. Os agricultores utilizam pesticidas e produtos químicos para curar as plantas das pragas, mas estes produtos químicos reduzem o valor nutritivo dos frutos. O aumento do rendimento sem doenças leva a Índia a estar no topo dos produtores e exportadores de cabaça amarga num futuro próximo. O sistema aeropónico tem potencial para produzir um maior crescimento vegetativo sem a utilização de quaisquer hormonas artificiais, pesticidas ou insecticidas. Esta cultura sem solo pode ultrapassar todos os constrangimentos que estão presentes na produção de culturas no solo. Uma vez estabelecido, o sistema reduz os custos de produção. Esta técnica pode produzir cabaças amargas frescas durante todo o ano.

Chapter 1: Este capítulo apresenta uma breve introdução sobre a importância do sistema aeropónico na agricultura e no crescimento económico do país. Inclui também a história do desenvolvimento do sistema aeropónico na Índia e no mundo.

Chapter 2: Este capítulo descreve o trabalho anterior realizado no domínio do desenvolvimento do sistema aeropónico. Inclui uma breve descrição de todos os tipos de tecnologias e técnicas utilizadas nos trabalhos de investigação que foram utilizados no desenvolvimento da tecnologia aeropónica.

Chapter 3: Este capítulo apresenta a metodologia do sistema aeropónico desenvolvido. Inclui o funcionamento de todo o sistema através de diagrama de blocos, diagrama de circuitos e representação pictórica de todos os materiais utilizados. Descreve também a descrição de todos os componentes utilizados no desenvolvimento dos módulos de hardware.

Chapter 4: Este capítulo descreve a conceção da placa de circuito impresso do hardware. Inclui também a disposição do circuito na PCB.

Chapter 5: Este capítulo inclui a implementação e os resultados experimentais do sistema desenvolvido. Os resultados experimentais incluem vários resultados de testes e instantâneos de implementação.

Chapter 6: Este capítulo inclui as conclusões finais do sistema desenvolvido e também fornece o trabalho futuro para melhorar a funcionalidade do sistema desenvolvido.

RECONHECIMENTO

A criação de um projeto requer a combinação de esforços sinceros, trabalho árduo, talentos e bênçãos de grandes pessoas, que direta ou indiretamente contribuem para o relatório do projeto. Este projeto não é exceção e devo uma gratidão especial a várias pessoas.

Estou muito grato ao **Sr. D.K Jain, Diretor Executivo do** Centro de Desenvolvimento de Computação Avançada (C-DAC) de Mohalifor, por me ter dado esta oportunidade de realizar o presente trabalho de tese.

Expresso a minha sincera gratidão ao Sr. Balwinder Singh, Coordenador da divisão ACS, Centro de Desenvolvimento de Computação Avançada (C-DAC) Mohali, pela sua orientação estimulante, encorajamento contínuo e supervisão ao longo do presente trabalho.

Considero um privilégio orgulhoso expressar os meus mais sinceros cumprimentos e gratidão ao **Dr. Dilip Kumar,** Professor Associado SLIET Longowal (Ex-Coordenador da Divisão ACS, Centre for Development of Advance Computing), que é o orientador da tese, e ao **Sr. Sukhwinder Singh,** Cientista-SG CPRS Jalandhar, que é o co-orientador da tese, pelo apoio inestimável que me deram em muitas ocasiões e pelas muitas discussões interessantes sobre muitos tópicos e teorias relacionadas com esta investigação. Sem as suas valiosas sugestões, não teria sido possível concluir este projeto. Os seus conhecimentos, tanto a nível académico como industrial, tornaram-nos uma fonte inestimável de orientação para o trabalho apresentado.

A ajuda prestada pelo **Dr. J.S Minhas,** Diretor, CPRS Jalandhar, é muito reconhecida.

Estou grato aos meus pais, cujas bênçãos me deram força suficiente de vez em quando e me ajudaram em todos os passos possíveis.

Por último, agradeço a todos os que contribuíram para a realização deste trabalho de tese.

GAGANDEEP KAUR

Lista de acrónimos

TAGS	Thin Air Growing System
NASA	National Aeronautics and Space Administration
HDAS	High Density Aeroponic System
PVC	Polyvinyl Chloride
CPRS	Central Potato Research Station
LCD	Liquid Crystal Display
LED	Light Emitting Diode
TDS	Total Dissolved Salts
PCB	Printed Circuit Board
ICD	In Circuit Debugger

Índice

CAPÍTULO 1

INTRODUÇÃO

1.1 Introdução

As terras agrícolas estão a diminuir de dia para dia devido às necessidades crescentes da população. É um desafio para os agricultores fornecer alimentos a uma população tão grande. As culturas cultivadas não são suficientes devido ao processo natural de crescimento. Para aumentar a taxa de produção, os agricultores utilizam produtos químicos. Sem dúvida que os produtos químicos aumentam a produtividade mas, por outro lado, degradam o valor nutritivo dos alimentos. Estes produtos químicos provocam muitos problemas de pele e doenças nos seres vivos e perturbam toda a cadeia alimentar.

Para ultrapassar este grande problema, pode ser utilizado um sistema aeropónico. O termo aeropónico significa cultivar plantas no ar ou num ambiente enevoado sem utilizar qualquer meio de cultivo como o solo ou a água. A palavra "aeropónico" deriva dos significados gregos de aero- (ar) e ponos (trabalho). O princípio básico do cultivo aeropónico consiste em cultivar plantas pulverizando as raízes pendentes das plantas com uma solução rica em nutrientes através de um pulverizador atomizado num ambiente fechado ou semi-fechado.

Nestas circunstâncias, o ambiente controlado tem um forte potencial para melhorar as fases de desenvolvimento, a saúde e o crescimento das plantas. Na última década, o sistema aeropónico tem sido aplicado intensivamente para o cultivo da batata, a fim de produzir sementes de batata sem doenças e de ter um ambiente de cultivo sem pesticidas.

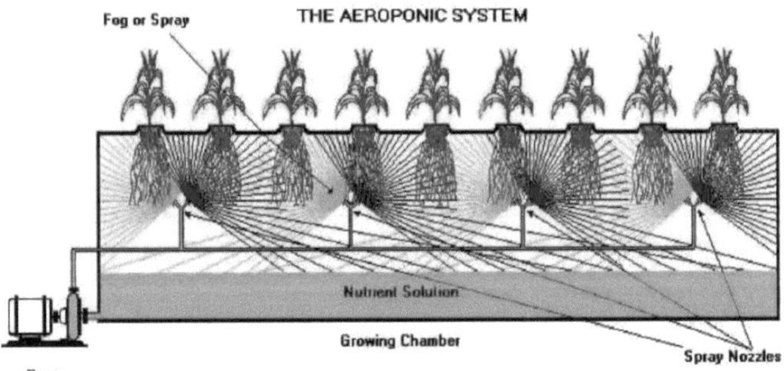

Figura 1.1: Diagrama básico mostrando o Sistema Aeropónico

O sistema aeropónico tem mais vantagens do que o hidropónico em termos de pulverização de um elevado teor de ar na solução nutritiva para fornecer oxigénio às raízes das plantas. As variáveis de atenção na investigação do sistema aeropónico são

- microambiente (temperatura, humidade, pH), e
- a eficácia da nutrição (pulverização/embaciamento)

O sistema aeropónico é um processo interminável num espaço confinado, pelo que reduz a mão de obra agrícola. Um sistema de monitorização e controlo destinado à distribuição de água e nutrientes foi concebido para apoiar a aplicação óptima do sistema de cultivo aeropónico para a produção de plantas.

A Aeroponia foi desenvolvida no século passado na Universidade de Pia, em Itália, pelo Dr. Franco Massantini. Foi justificada e aperfeiçoada durante décadas. Está a ser utilizada por cientistas de todo o mundo. Estão a ser realizadas investigações bem sucedidas nas Universidades de Cornell, Rutgers, Arizona, Oxford, Texas A&M e Califórnia em Davis. Com a ciência de ponta da Aeroponia, as plantas:

- receber diariamente a quantidade necessária de nutrientes
- evitar o contacto com o solo e as doenças transmitidas pelo solo
- crescer até 50% mais rápido

1.2 Antecedentes da Aeroponia

A ciência da Aeroponia será o principal método para fornecer alimentos frescos aos cientistas nas estações espaciais e aos visitantes de Marte. Está a ser considerada para operações agrícolas em grande escala em áreas com condições de solo fracas e subnutridas.

Os benefícios da Aeroponia estão ainda largamente por explorar. Acredita-se que a Aeroponia será em breve a técnica de cultivo mais utilizada em todo o mundo. Cientistas, educadores, investigadores, viveiros, estufas e jardineiros domésticos podem obter resultados surpreendentes com as técnicas melhoradas de crescimento, cultivo e propagação disponíveis através da Aeroponia.

A ciência do Thin Air Growing System está agora disponível e acessível a todos, para cultivar plantas frescas e saudáveis.

As técnicas de plantação sem solo foram desenvolvidas pela primeira vez na década de 1920 por botânicos. O principal objetivo da sua investigação era estudar a estrutura das raízes. O estudo foi facilitado pela ausência de solo.

A Aeroponia é desenvolvida a partir de uma mesma técnica chamada Hidroponia. Na hidroponia, as raízes das plantas são imersas numa solução rica em nutrientes, ou seja, funciona como um meio de crescimento para as plantas. Esta técnica ganhou popularidade na década de 1970. No entanto, a investigação e a utilização de sistemas aeropónicos continuaram nos bastidores e a técnica teve a sua grande estreia pública quando o pavilhão "The Land" no Disney's Epcot Center abriu em 1982.

Nos anos 90, a NASA interessou-se por esta tecnologia. Após a investigação, o estudo e o aperfeiçoamento desta técnica, a NASA financiou um pequeno projeto de aeroponia. Devido ao envolvimento da NASA, a técnica aeropónica ganhou destaque.

Considerar uma tábua com cavidades perfuradas à mesma distância e tapadas com uma espuma de borracha. As plântulas são colocadas no tabuleiro após a germinação das sementes. Durante o período de crescimento, as raízes balançam na câmara fechada e a parte vegetativa superior cresce para cima da caixa de cultivo.

Por baixo do tabuleiro há uma área fechada, conhecida como caixa de cultivo. O principal objetivo desta caixa fechada é proteger as raízes da luz e fornecer nutrientes. Uma bomba hidropónica retira a solução do tanque de nutrientes, que é transportada através de um tubo e sai pelos bicos que criam um ambiente nebuloso na caixa de cultivo, a partir do qual as raízes absorvem os nutrientes necessários. Os nutrientes que não são absorvidos pelas raízes voltam a cair na caixa de cultivo e são devolvidos ao tanque de nutrientes. A bomba hidropónica está ligada a um temporizador atomizado para fornecer nutrientes em intervalos regulares de tempo.

Figura 1.2: Sistema de cultivo Thin Air

Os sistemas aeropónicos de estrutura em A são também muito utilizados. Em vez de placas horizontais, os sistemas A-frame utilizam cones altos feitos de armações de PVC e fechados com rede de galinheiro e plástico. O interior serve de câmara de raízes. As raízes das plantas ficam penduradas num ângulo descendente no interior do cone, enquanto as plantas crescem para cima através do plástico na parte lateral. Os sistemas de estrutura em A têm uma vantagem decisiva sobre os sistemas horizontais, na medida em que requerem menos área quadrada para a mesma densidade de plantas, uma vez que os sistemas estão dispostos para cima em vez de para fora.

Isto reflecte o princípio básico da aeroponia - utilizar a quantidade mínima de insumos para obter o máximo de resultados. O facto de não ter solo é outro aspeto importante. O solo proporciona às plantas estabilidade, calor e uma forma fácil de distribuir nutrientes e água. Mas o solo também é mesquinho, especialmente quando se trata de dar oxigénio às plantas. As plantas necessitam de dióxido de carbono para converter a luz solar em açúcares através da fotossíntese. Mas também utilizam oxigénio para transformar esses açúcares em formas de energia utilizáveis. Mais oxigénio equivale a mais crescimento das plantas, e as plantas recebem mais oxigénio em condições aeropónicas, com as suas raízes expostas ao ar e sem o peso do solo denso.

Os investigadores académicos da Sardenha utilizaram um sistema aeropónico de alta densidade (HDAS), com plantas cultivadas próximas umas das outras. Neste sistema, as plantas crescem melhor porque não estão a competir por quaisquer nutrientes como os do solo.

Em 2001, investigadores da Universidade do Arizona estudaram duas variedades de plantas: a equinácea e a bardana. A variedade de equinácea sofreu infecções por fungos e insectos. O rendimento obtido com esta variedade foi ainda assim comparado com o método de cultivo convencional. O rendimento da variedade de bardana foi 1000% superior ao do método de cultivo convencional. De acordo com os investigadores, a colheita torna-se mais fácil devido à ausência de plantas.

Em 1997, dois sistemas aeropónicos idênticos foram testados pela NASA. Um sistema de feijão asiático foi plantado aeroponicamente na estação espacial MIR e o outro na Terra. A única coisa que separava os dois sistemas era a gravidade. Foram obtidos resultados surpreendentes com o teste. As culturas em gravidade zero cresceram melhor. Este teste mostra que as culturas alimentares não só podem crescer, como podem florescer na região de gravidade zero. A investigação foi de grande importância para a NASA porque estes sistemas aéreos podem ser utilizados para fornecer alimentos frescos aos aeronautas durante as missões espaciais.

Esta tecnologia é cada vez mais utilizada porque os sistemas aeropónicos são fáceis de utilizar após a instalação. Esta tecnologia é útil para aumentar os lucros. Devido à redução do custo do solo, da água, dos fertilizantes e do espaço necessário, os pequenos sistemas podem competir com os grandes produtores de sistemas convencionais.

A planta da marijuana necessita de 15 galões de água por dia, o que custa elevadas contas de eletricidade. O cultivo aeropónico de marijuana não só reduz as elevadas contas de eletricidade como também pode aumentar o rendimento em menos espaço. Esta técnica tornou-se popular entre os grandes agricultores para aumentar os lucros.

Atualmente, a escassez de solo é um problema grave. O cultivo de alimentos no interior ou no exterior é mais adequado para as cidades. Cultivar os seus próprios alimentos tornou-se cada vez mais atrativo à medida que os preços dos alimentos aumentaram, mas esses mesmos preços baseiam-se numa ameaça ambiental. Cada alimento tem um custo de transporte, a quantidade de dinheiro e recursos dedicados à sua deslocação desde a sua área de origem até à sua mesa de jantar. Muitas pessoas envolvidas no movimento de hortas urbanas acreditam que a produção local de alimentos reduz tanto os preços como o impacto ambiental.

O consumo total de água agrícola pelos seres humanos é de 70% do total de água consumida. Desse total, 45% é desperdiçado devido a técnicas de irrigação desleixadas.

Ao utilizar sistemas aeropónicos, podemos poupar 98% da água total devido ao sistema de recirculação.

A produção de alimentos frescos, limpos, saudáveis, eficientes e rápidos pode ser obtida através de sistemas aeropónicos durante todo o ano. Devido às condições de crescimento limpas e estéreis, as doenças e infecções das plantas diminuem em grande medida.

Com uma tecnologia como esta, saltar sobre a lua não estará reservado aos contos de fadas.

1.3 Benefícios da tecnologia aeropónica:-

i. A tecnologia aeropónica permite obter um rendimento elevado com menos espaço necessário.
ii. As plantas podem ser cultivadas próximas umas das outras.
iii. Os frutos produzidos a partir do sistema são mais fáceis de colher.
iv. Com esta técnica, os frutos podem ser cultivados em gravidade zero, ou seja, em estações lunarcs.
v. A produção local de alimentos pode reduzir os custos de transporte.
vi. Esta tecnologia permite poupar água, uma vez que reduz o consumo de água em 98%, vii. As plantas frescas e saudáveis podem ser cultivadas em casa, no interior ou no telhado.
viii. Os viveiros podem propagar sementes e estacas em plantas saudáveis e colhíveis numa fração do tempo dos métodos tradicionais.
ix. O estudo das plantas e do crescimento das raízes em laboratório é mais fácil para os estudantes e investigadores.
x. As plantas consomem mais oxigénio em condições aeropónicas; mais oxigénio equivale a um maior crescimento das plantas.
xi. A plantação e a colheita podem ser efectuadas ao longo de todo o ano.
xii. Devido às condições de cultivo limpas e estéreis, as doenças e infecções das plantas diminuem em grande medida.
xiii. No sistema aeropónico, as raízes das plantas têm espaço suficiente para crescerem bem. Por isso, não se esticam nem murcham. As plantas podem ser transferidas para qualquer sistema de meios de cultura sem qualquer choque de transplante após o desenvolvimento das raízes.
xiv. Os sistemas aeropónicos podem reduzir a utilização de água em 98%, a utilização de fertilizantes em 60% e a utilização de pesticidas em 100%, maximizando simultaneamente o rendimento das culturas.
xv. As plantas aeropónicas são potencialmente mais saudáveis e nutritivas.

xvi. As falhas de energia durante um pequeno período não causam danos às plantas.

1.4 Limitações da tecnologia aeropónica

i. A falta de energia durante um longo período de tempo pode causar danos irreversíveis.
ii. Inicialmente, é necessária alguma formação para a manutenção do sistema.
iii. As condições sanitárias devem ser mantidas regularmente.
iv. O custo inicial do sistema é elevado.

1.5 Introdução ao trabalho de investigação proposto

No que respeita à produção de produtos hortícolas, a China ocupa o primeiro lugar e a Índia o segundo no mundo. Muitos produtos hortícolas possuem propriedades medicinais e são considerados importantes e altamente desejáveis para consumo humano. A cabaça amarga é um destes legumes medicinais importantes. É intensamente consumida como parte da dieta em quase todo o mundo, uma vez que contém muitos antioxidantes benéficos e vitaminas essenciais que curam perturbações respiratórias, sistema imunitário, fígado, diabetes, obstipação, rins, bexiga, doenças cardíacas e infecções cutâneas. O guarda amargo é considerado altamente eficaz no controlo da diabetes de tipo 2. A Índia tem o número mais elevado de doentes diabéticos (31,7 milhões em 2000 e uma previsão de 79,4 milhões em 2030). O número de pacientes diabéticos está a crescer mais rapidamente na África subsariana. A cabaça amarga é consumida como medicamento popular para controlar a diabetes tipo 2 na Ásia e em alguns países africanos. Estudos sugerem também que a cabaça amarga tem um papel no controlo glicémico da diabetes.

Existem muitos constrangimentos no cultivo deste vegetal em sistema de solo ao ar livre. Os produtores são confrontados com uma série de problemas, como doenças infecciosas das sementes, insectos, pragas e mão de obra intensiva, etc. Um estudo efectuado em KalliyoorPanchayat, no distrito de Thiruvananthapuram, revelou que as pragas e as doenças são os principais obstáculos à cultura da cabaça amarga.

Uma alternativa importante para evitar as culturas relacionadas com o solo e cultivadas ao ar livre pode ser a criação de culturas sem solo num sistema de cultivo coberto. De entre os muitos métodos de cultivo sem solo, o sistema mais recente e avançado é o sistema aeropónico. O termo aeropónico significa cultivar plantas sem solo num ambiente de névoa de ar. Neste sistema, as raízes suspensas no ar (na câmara escura) são nebulizadas com uma solução rica em nutrientes de forma constante ou recorrente e a parte do rebento é exposta à luz solar ou à luz artificial. Todos os parâmetros importantes, como o pH, a CE e a temperatura da solução nutritiva, são mantidos aos níveis desejados. Do mesmo modo, os parâmetros ambientais temperatura e humidade da estufa são também mantidos para o crescimento ótimo das plantas.

Em março de 2013, a Tripura Agricultural Graduate's Association estruturou uma premissa básica na qual se baseia a ideia da aeroponia. De acordo com esta associação, o princípio de funcionamento consiste em utilizar uma quantidade mínima de factores de produção para obter o máximo rendimento.

Na última década, a investigação aeropónica foi conduzida em tomate, alface, pepino e batata. Em estudos sobre a produção de minitubérculos de batata em sistema aeropónico, foi revelado que, através da aeroponia, é possível obter um número de minitubérculos por planta 5 a 7 vezes superior ao do sistema tradicional. No CPRI foram concebidos e desenvolvidos sistemas aeropónicos à escala comercial específicos para a batata.

Os sistemas aeropónicos existentes necessitam de melhorias na estrutura e na automatização para funcionarem eficazmente. Várias operações de bombas, funcionamento de ventiladores e bombas de almofada, controlo da humidade relativa, etc., são atualmente controladas através de temporizadores cíclicos separados, sensores e interruptores. A automatização de vários circuitos integrados de operações de sub-sistemas é necessária para o funcionamento eficiente deste sistema. Tendo em conta todos estes aspectos, foi desenvolvido conjuntamente pelo Centro de Desenvolvimento de Computação Avançada (CDAC), Mohali e pela Estação Central de Investigação da Batata (CPRS), Jalandhar, um protótipo de sistema aeropónico adequado para o cultivo de cabaça amarga e outras culturas hortícolas, juntamente com um sistema integrado de monitorização e controlo. O sistema foi testado na CPRS, Jalandhar, em cabaça amarga durante 2014.

CAPÍTULO 2

Breve pesquisa bibliográfica

2.1 Âmbito de trabalho

A duração do trabalho de investigação é do ano 2000-2012. Esta duração do ano contém alguns artigos. Com a ajuda destes artigos, livros, blogues e folhas de dados, consegui decidir o meu objetivo de tese. Estudei artigos de conferências internacionais/nacionais do IEEE e revistas relacionadas com a Técnica Aeropónica.

2.2 Trabalho anterior

- **Irmanldris, et al.(2012)** descreve Aeroponic como o método de cultivo de plantas dentro de um ambiente de ar condicionado sem a utilização de solo ou meio aquoso. As raízes pendentes das plantas são pulverizadas com uma solução rica em nutrientes. Nestas circunstâncias, o ambiente controlado tem um forte potencial para melhorar as fases de desenvolvimento, a saúde e o crescimento das plantas. Na última década, o sistema aeropónico tem sido aplicado intensivamente para o cultivo da batata, a fim de produzir sementes de batata sem doenças e de ter um ambiente de cultivo sem pesticidas. Prevê-se também que o método aeropónico possa reduzir os custos de exploração dos produtores de batata e aumentar os seus rendimentos. Foi concebido um sistema de monitorização e controlo destinado à distribuição de água e nutrientes para apoiar as aplicações óptimas do sistema de cultivo aeropónico para a produção de batata-semente. O sistema de monitorização foi utilizado para monitorizar os parâmetros da câmara, como a temperatura e a humidade, e o sistema de controlo foi utilizado para gerir os actuadores na distribuição de água e nutrientes. O sistema foi testado numa estufa de sementes de batata no Vegetable Research Institute (Balitsa), Ministério da Agricultura, em Lembang, Java Ocidental, Indonésia.
- **Margaret Chiipanthenga, et al. (2011)** descreve que o baixo rendimento da cultura da batata se deve a agentes patogénicos nos sistemas de cultivo convencionais. As plantas que são cultivadas em aeroponia estão livres de contaminação por agentes patogénicos. A multiplicação adicional de tubérculos de semente de batata em aeroponia também complementa a cultura de tecidos, uma vez que clona minitubérculos num curto espaço de tempo e reduz numerosas etapas de trabalho associadas à utilização direta de plântulas de cultura de tecidos no campo na fase pós-frasco. Os minitubérculos de plantas com raízes aéreas são plantados diretamente no campo. Este sistema tem potencial para aumentar o rendimento e reduzir o custo de produção de sementes de qualidade, tornando-as assim mais acessíveis aos produtores dos países em desenvolvimento onde a produção de batata está fortemente condicionada pela utilização de tubérculos de sementes de má qualidade.
- **Tsoka, et al. (2011)** apresenta que a baixa produtividade da batata no Malawi é principalmente devido à falta de sementes de qualidade. Os tubérculos são o método convencional para a criação de cultivares de batata comercialmente importantes. Este método de reprodução conduz a doenças transmitidas por fungos, vírus e tecidos. A capacidade das estacas apicais enraizadas de se regenerarem rapidamente confere-lhes um grande potencial para a conservação de clones de batata e para a produção de sementes de batata. Se as estacas apicais enraizadas forem originárias de tubérculos fiéis ao tipo e isentos de agentes patogénicos, constituem um meio eficaz de produção de sementes de base sob práticas de gestão rigorosas,

como a aeroponia.

> **ImmaFarran, et al. (2006)** explica que as camas de estufa produzem minitubérculos de alta densidade. A técnica da película de nutrientes e outras técnicas aeropónicas podem ser utilizadas com êxito para aumentar o rendimento. Comparando as técnicas aeropónicas e hidropónicas, devido ao fator de arejamento das raízes, as técnicas aeropónicas aumentam o rendimento.

> **Ziegler, et al. (2005)** representa os princípios aeropónicos que se baseiam no cultivo de vegetais em recipientes que contêm uma parte nutritiva fluida. Esta provou ser a melhor condição para a entrada de oxigénio e humidade nas raízes. Nestas condições, as plantas crescem de forma equilibrada e mais rápida.

> **E. Ritter, et al.(2000)** ilustra a comparação de duas técnicas de cultivo sem solo, a aeropónica e a hidroponia, em canteiros de estufa. As plantas aeropónicas apresentaram um maior crescimento vegetativo em comparação com as plantas hidropónicas. O sistema hidropónico permite dois ciclos de produção, enquanto o aeropónico permite um ciclo de produção. Ao comparar o rendimento total, o rendimento aeropónico foi 70% superior ao hidropónico e o peso dos tubérculos foi 33% inferior ao hidropónico.

> **A Associação dos Diplomados Agrícolas de Tripura** explica que as sementes de batata podem ser produzidas de forma eficiente através de sistemas aeropónicos. O princípio básico do sistema aeropónico consiste em utilizar o mínimo de recursos e obter o máximo de resultados. A premissa básica do sistema aeropónico é cultivar sementes de batata mantendo as raízes em pleno ar e no escuro. Os nutrientes são fornecidos durante 15 a 30 segundos, fazendo-se depois uma pausa de 10 a 20 minutos. A principal causa do aumento da produção é o ambiente de nebulização mantido no escuro para o crescimento das raízes. Os nutrientes são absorvidos através do processo de osmose. A forma como os nutrientes e a água são fornecidos representa a eficiência do sistema. Um maior consumo de oxigénio significa um maior crescimento das plantas, o que leva a um maior rendimento.

CAPÍTULO 3

Metodologia de desenvolvimento do sistema

3.1 Materiais e métodos

3.1.1 Fabrico do sistema aeropónico

Como se mostra na fig.l, foram utilizados dois baldes de plástico de 20 litros de capacidade cada um, duas bombas submersíveis, um aspersor multi-furos, uma folha de esferovite de 50 mm de espessura, tubos de pvc e acessórios para o fabrico do sistema aeropónico. Um balde coberto com folha de esferovite foi utilizado como câmara de crescimento e o segundo balde foi utilizado como reservatório de solução nutritiva de reserva. Ambos os baldes foram envolvidos com uma folha de polietileno preto de 100 microns de espessura para evitar a formação de algas e o aumento da temperatura devido à exposição direta à luz solar.

Figura 3.1: Sistema protótipo para cabaça amarga

Uma bomba hidropónica foi colocada na câmara de cultivo e foi equipada com um aspersor de jardim com 50 furos. A câmara de cultivo foi coberta com uma folha de esferovite de 50 mm de espessura e foram feitos 8 furos de 50 mm de diâmetro nesta folha para inserir copos de rede para segurar as plantas. A solução nutritiva foi enchida até uma profundidade de 15 cm na própria câmara de cultivo. Uma outra folha de esferovite de 30 mm de espessura e perfurada com orifícios de 10 mm foi colocada sobre a bomba na caixa de cultivo (figura 3.2). Esta folha funciona como uma barreira para evitar a imersão das raízes na solução nutritiva. Outra bomba foi submergida num balde reservatório.

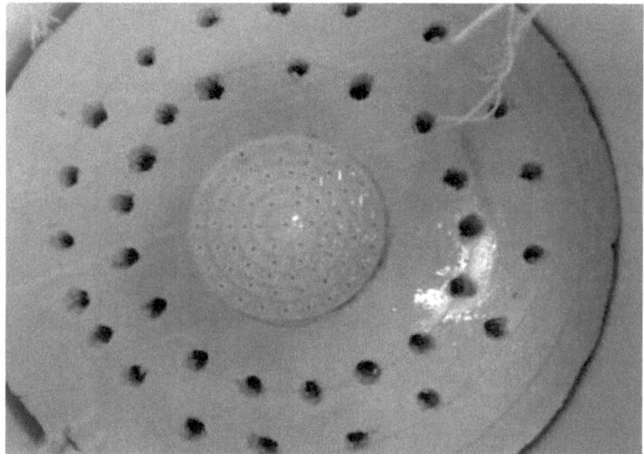

Figura 3.2: Folha de esferovite perfurada

Figura 3.3: Registo da temperatura através do termómetro

3.1.2 Conceção e implementação de sistemas incorporados

Para controlar o funcionamento das bombas na câmara de crescimento e no reservatório de nutrientes de reserva, foi concebido um sistema incorporado. A representação em blocos do projeto é mostrada na figura 3.4.

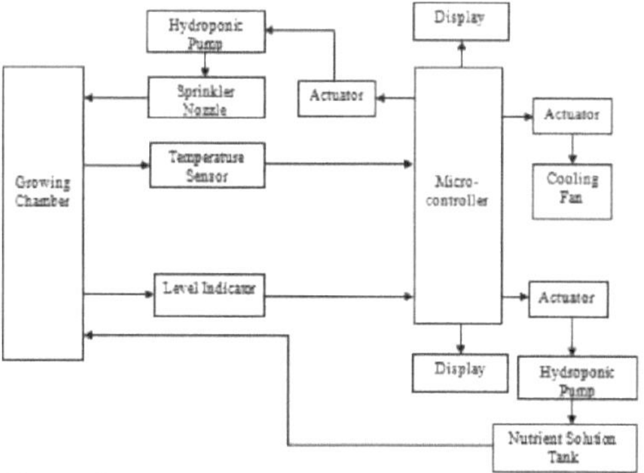

Figura 3.4: Representação do projeto a nível de blocos

O sistema incorporado é capaz de:-

1. funcionamento da bomba da câmara de crescimento durante 20 segundos, seguido de 300 segundos de paragem
2. capacidade de deteção da temperatura para acionar o sistema de arrefecimento
3. acciona a bomba do reservatório quando o nível da solução nutritiva na caixa de cultivo desce abaixo do ponto definido

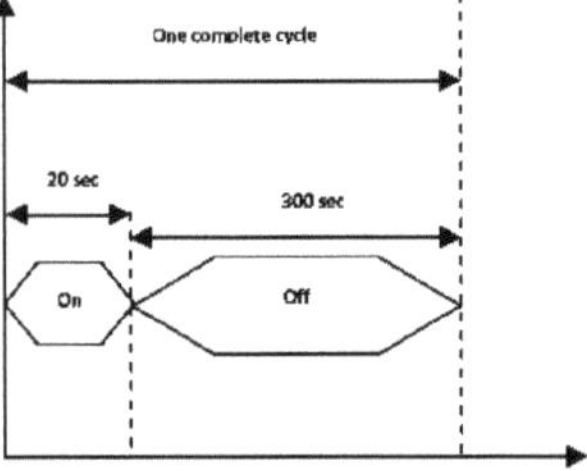

Figura 3.5: Diagrama de temporização da bomba hidropónica da câmara de crescimento

O microcontrolador utilizado tem ADC e DAC incorporados. Não é necessário qualquer condicionador de sinal externo. O microcontrolador recebe as entradas e actua de acordo com os pontos de regulação. Por razões de segurança, não foi prevista a introdução manual de dados no sistema. A hora de ligar/desligar foi mencionada na programação. A reposição destes pode ser efectuada.

Figura 3.6: Integração do sistema

3.1. 3Preparação das plântulas

Para o sistema aeropónico, são necessárias plantas com 5-6 cm de altura de caule. As sementes de cabaça amarga (Karela Chia Tai Seed Fl Unnat CT-108) foram colocadas em papel de filtro dentro de uma placa de Petri. Estas sementes foram humedecidas com água da torneira e colocadas na incubadora. Estas germinaram em 3 dias. As sementes germinadas foram plantadas em copos de rede com musgo. Estes copos de rede foram colocados num tabuleiro de plástico contendo água a uma profundidade de 10 mm.

Figura 3.7: Sementes germinadas de cabaça amarga

Figura 3.8: Sementes plantadas em capim-musgo

Figura 3.9: crescimento de sementes plantadas de erva-musgo

As folhas de Cotelydonary começaram a crescer num par de dias e as plantas atingiram uma altura de 5-6 cm em 7 dias após a plantação. Os copos de rede, juntamente com as plantas, foram transferidos para o sistema aeropónico e o sistema foi ligado. O pH e a CE da solução nutritiva foram controlados diariamente utilizando um medidor de TDS e pH da marca Hanna.

A unidade recém-desenvolvida, depois de testado o sistema incorporado no laboratório, foi colocada na casa da rede para ser testada com a cultura. A temperatura do ambiente, da estufa, do solo e do balde da câmara de crescimento foi registada de hora a hora, em dias alternados, com um termómetro de mercúrio.

3.2 Modelo de hardware

3.2.1 Diagrama do circuito do sistema

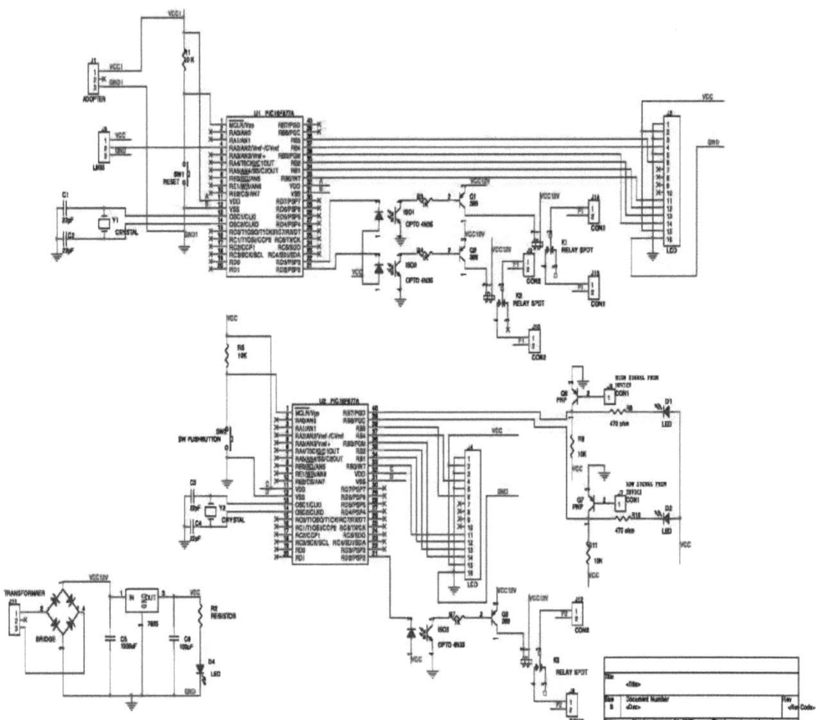

Figura 3.10: Diagrama do circuito do sistema

3.2.2Funcionamento do sistema

O sistema funciona em duas secções, utilizando dois microcontroladores, porque o sistema tem de funcionar continuamente, sem qualquer pausa ou interrupção, pelo que são utilizados dois microcontroladores para diminuir a carga. O primeiro microcontrolador fornece uma solução rica em nutrientes às raízes da planta pendente, ou seja, mantém-se 20 segundos ligado e 300 segundos desligado. Controla a temperatura a intervalos regulares e mantém-na simultaneamente. Quando a temperatura ultrapassa os 26°C, liga a ventoinha de arrefecimento e quando desce abaixo dos 25°C, desliga a ventoinha de arrefecimento. Apresenta o tempo de ativação e a temperatura no LCD. Também apresenta "Câmara de cultivo aeropónico" no LCD.

O segundo microcontrolador é utilizado para manter o nível de solução rica em nutrientes na caixa de cultivo do protótipo. Quando é detectado um nível baixo, o microcontrolador liga a bomba do reservatório para encher a caixa de cultivo. Quando a caixa de cultivo atinge o nível alto, o microcontrolador desliga a bomba do reservatório. Os níveis são continuamente actualizados no LCD. Também mostra "Nutrient Tank" no LCD.

O pH e a CE da solução rica em nutrientes foram mantidos manualmente por um medidor de TDS fabricado pela Hanna, de forma regular...

3.2.3Hardware desenvolvido

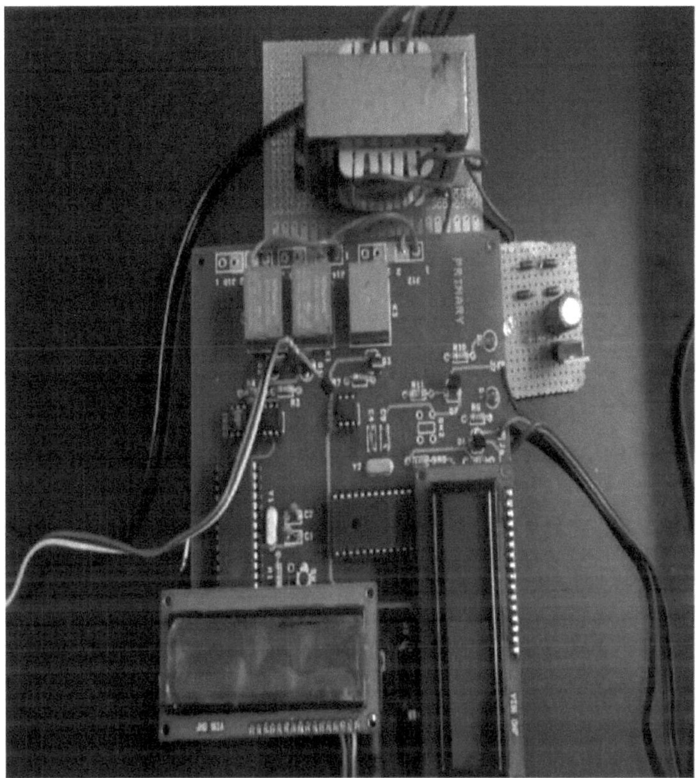

Figura 3.11: Hardware desenvolvido

3. 3Descrição geral do sistema

3.3.1Microcontrolador PIC16F877A

O PIC 16F877A é um microcontrolador avançado. Pertence à família Microchip. É de baixo custo e tem uma vasta gama de aplicações, pelo que é utilizado em experiências com modems. É de alta qualidade e está facilmente disponível no mercado. As suas principais aplicações são o controlo de máquinas, a medição e o estudo.

Figura 3.12: Microcontrolador PIC

3.2.1.1 Caraterísticas doPIC16F877A

- Tem 35 instruções de uma só palavra
- Apenas as ramificações de programa são de dois ciclos
- Tem uma velocidade de funcionamento de 20MHz de entrada de relógio
- A memória flash é de 112000 palavras, a RAM de 2944 palavras e a EEPROM de 2048 palavras
- O temporizadorO é um temporizador/contador de 8 bits
- O temporizador 1 é um temporizador/contador de 16 bits. Durante o sono, utilizando o relógio externo, pode ser incrementado quando necessário
- O temporizador2 é um temporizador/contador de 8 bits

-TimerO é um pré-escalonador de 8 bits, Timerl é um pré-escalonador e Timer2 é um pré-escalonador e pós-escalonador de 8 bits

- Possui um circuito de deteção de corte de energia incorporado
- Possui um conversor A2D de 8 canais e 1 O-bit
- A memória flash tem 100 000 ciclos de apagamento/escrita
- A memória EEPROM de dados tem um ciclo de apagamento/escrita de 1.000.000
- A retenção da EEPROM de dados é superior a 40 anos
- Sob controlo de software, é auto-reprogramável
- É programável em série no circuito
- Tem um temporizador de vigilância incorporado
- O seu modo de suspensão ajuda a poupar energia
- A tecnologia Flash e EEPROM de alta velocidade consome pouca energia

- Tem uma gama de funcionamento de tensão de 2-5,5V
- Está disponível em amplas gamas de temperatura para aplicações industriais e comerciais
- Consome pouca energia

3.2.1.2 Diagrama de pinos do 16F877A

O PIC16F877 está disponível em diferentes estilos de embalagem. As diferentes embalagens são utilizadas de acordo com a aplicação.

40-Pin PDIP

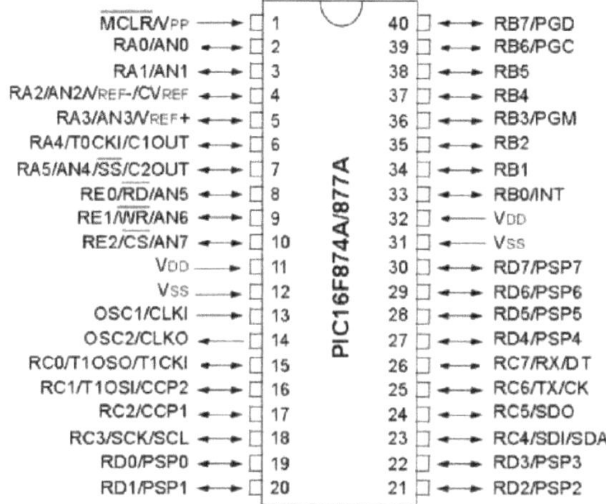

Figura 3.13: Diagrama de pinos do PIC 16F877A

Tem 5 portas de entrada/saída. Todas as portas deste microcontrolador são bidireccionais.

Tabela 3.1: Configuração das portas do microcontrolador

Input/output Port	**Denoted By**	**Port Width**
PORTA	RA0-RA5	6 bit wide
PORTB	RB0-RB7	8 bit wide
PORTC	RC0-RC7	8 bit wide
PORTD	RD0-RD7	8 bit wide
PORTE	RE0-RE2	3 bit wide

3.3.1. 3Circuito básico do PIC

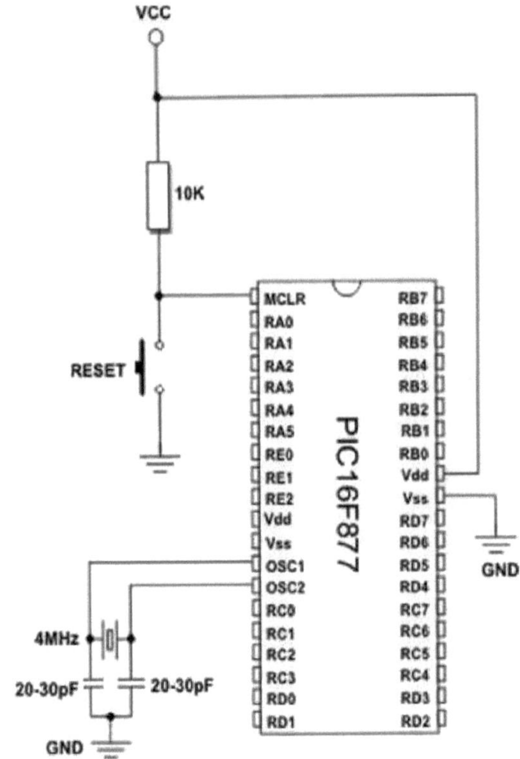

Figura 3.14: Circuito básico do PIC16F877A

Pino da fonte de alimentação

Para o PIC16F877A, 5V (DC) é a tensão ideal. Nunca deve ser superior a 5,5V e inferior a 2V. O microcontrolador queima-se se for utilizada uma tensão superior a esta e, se for inferior ao valor padrão, o controlador não funcionará.

Tabela 3.2: Pinos de alimentação do microcontrolador

VCC(+5V)	GND
PIN 11	PIN 12
PIN 32	PIN 31

Pino de reinicialização

O pino de reinicialização é utilizado para ligar diretamente à terra toda a corrente. Neste caso, não é fornecida qualquer corrente ao microcontrolador para efetuar qualquer operação. Quando este interrutor não é premido, os 5V vão diretamente para o controlador para que este funcione corretamente.

Tabela 3.3: Condições lógicas do pino de reinicialização

Logic Condition	Voltage	Program Status
0	0V	Not Execute
1	5V	Execute

Pino do oscilador

Os osciladores fornecem um sinal de alta frequência ao controlador. Este contém algum ruído. São utilizados dois condensadores de piko farad para reduzir esse ruído.

3.3.2 Fonte de alimentação

A fonte de alimentação num circuito eletrónico é utilizada para converter alta tensão em baixa tensão. A fonte de alimentação funciona em diferentes secções:

1. Transformador - transforma a rede de CA de alta tensão em CA de baixa tensão.
2. Retificador - converte CA em CC, mas a saída CC é variável.
3. Suavização - suaviza a DC de uma grande variação para uma pequena ondulação.
4. Regulador - elimina a ondulação definindo a saída DC para uma tensão fixa.

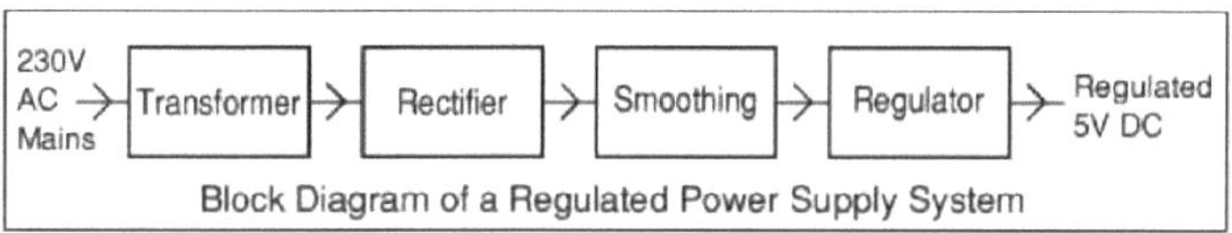

Figura 3.15: Diagrama de blocos de uma fonte de alimentação de 5V

3.3. 3Relé

O relé num circuito eletrónico é utilizado para fins de comutação automática. Seguindo as instruções do controlador, gere a comutação eléctrica das máquinas. Também é utilizado para fornecer isolamento elétrico entre um dispositivo de alta tensão e um dispositivo de baixa tensão.

Figura 3.16: Relé

3.3.3.1 Construção de relés:

- **Entrada 1:** é geralmente o positivo do seu relé, para onde vai o + do seu sinal, está no topo da bobina do eletroíman que puxa o pino de contacto
- **Entrada 2:** é para onde vai o negativo do seu sinal, está na parte inferior ou superior (fim do enrolamento da bobina), da bobina, embora na maioria dos relés isso não deva importar porque um eletroíman apenas puxa o metal para o centro do íman, a entrada 2 deve ser sempre pensada como negativa, pois alguns relés só funcionam de uma forma, mas isso depende de si
- **COM:** é a abreviatura de terra comum; na maioria dos casos, liga-se a este ponto o negativo

da fonte de alimentação que se está a comutar. Se a sua aplicação utilizar a mesma fonte de alimentação, pode ligar a entrada 2 e COM em conjunto. COM é o terminal do meio e está ligado ao pino que é puxado para N/C quando a alimentação está desligada

- **N/C:** Curto para normalmente fechado, este terminal não está ligado a COM quando não há sinal, mas quando há um sinal, o pino dentro do relé é puxado para baixo até tocar em N/C, o que o ligaria a COM
- **N/O: abreviatura** de Normally Open (normalmente aberto), utiliza uma pequena mola para fazer com que toque sempre em COM quando o íman está desligado. N/O é utilizado na maioria dos casos para ligar a luz de espera, uma vez que esta se liga quando não há energia.
- **Contacto:** não é um terminal, mas sim o pino que liga COM a N/O ou N/C. É frequentemente revestido a ouro ou vanádio/platina para evitar a soldadura

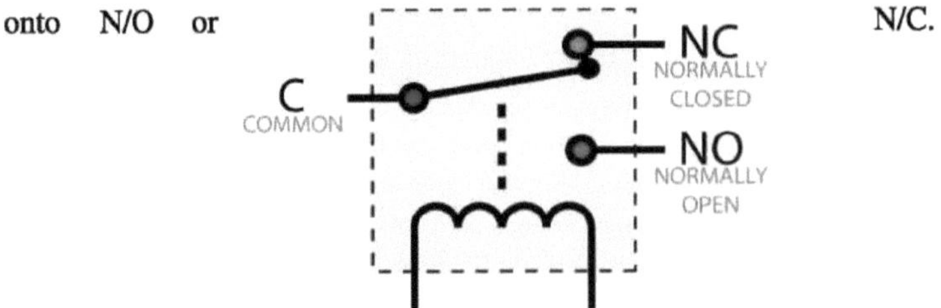

Figura 3.17: Diagrama interno do relé

3.3.3.2 Relé a funcionar:

Se a entrada = ligada (potência a passar pela bobina) COM + N/C

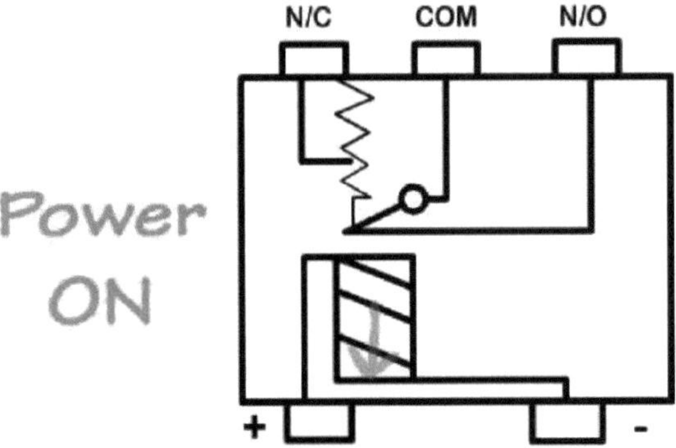

Figura 3.18: Funcionamento do relé ON

Senão/outra forma (sem poder)

COM + N/O

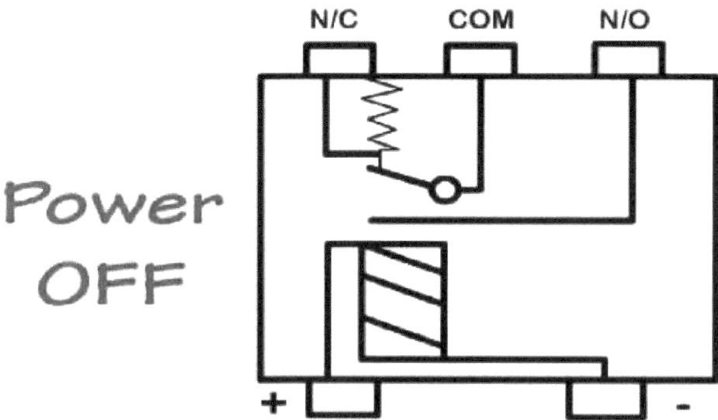

Figura 3.19: Funcionamento do relé OFF

Quando o eletroíman se liga, o íman puxa o pino para o contacto N/O, e quando se desliga, a mola puxa o pino para o contacto N/C.

3.3.4 LED

Os LED são pequenas lâmpadas que são utilizadas para indicar algo num circuito eletrónico. Devido à ausência do elemento filamento, não aquecem e a sua vida útil aumenta para milhares de horas. Iluminam a luz através da recombinação de portadores de carga de electrões.

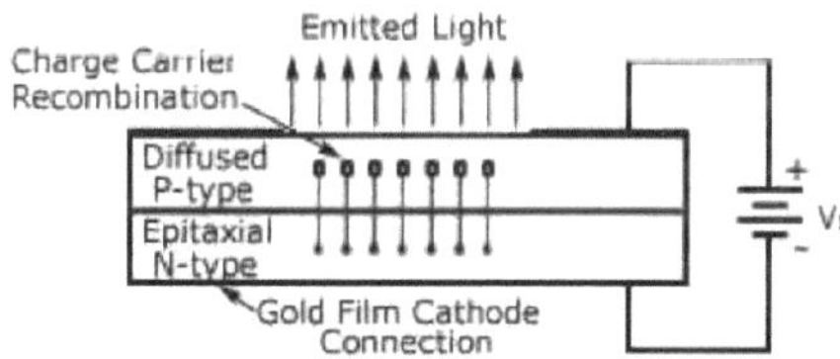

Figura 3.20: Esquema de construção de um LED

3.3.4.1 Caraterísticas do LED

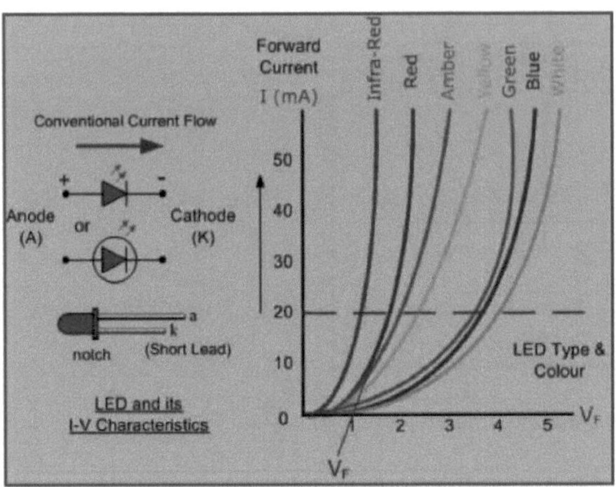

Figura 3.21: Símbolo esquemático do díodo emissor de luz (LED) e curvas **das caraterísticas I-V**

Tabela 3.4: Caraterísticas típicas dos LEDs

Typical LED Characteristics			
Semiconductor Material	Wavelength	Colour	V_F @ 20mA
GaAs	850-940nm	Infra-Red	1.2v
GaAsP	630-660nm	Red	1.8v
GaAsP	605-620nm	Amber	2.0v
GaAsP:N	585-595nm	Yellow	2.2v
AlGaP	550-570nm	Green	3.5v
SiC	430-505nm	Blue	3.6v
GaInN	450nm	White	4.0v

3.3.4.2 Vantagens dos LEDs

1. Requer baixa tensão e corrente para funcionar.
2. A gama de tensão do LED é de 1 a 2 volts.
3. A corrente nominal do LED é de 5 a 20 mA.
4. A potência de saída do LED é de 150 mW.
5. O tempo de resposta é de cerca de 10 nanossegundos.
6. O seu tamanho é pequeno, pelo que pode ser utilizado em qualquer parte do circuito.
7. Resiste a choques e vibrações.
8. O seu tempo de vida é de cerca de 20 anos.

3.3.4.3 Desvantagens

1. O aparelho pode ficar danificado se for fornecida uma tensão ou corrente excessiva.
2. Em comparação com o laser, tem uma ampla gama de largura de banda.

3.3.5 IC optoacoplador

O optoacoplador em eletrónica é utilizado para fornecer isolamento elétrico entre um dispositivo de alta tensão e um dispositivo de baixa tensão. Se este isolamento não for efectuado no circuito, o dispositivo de baixa tensão entra em pane. Os microcontroladores não suportam tensões mais elevadas. Todo o circuito fica perturbado devido a este facto. A fim de proteger estes controladores de condições de falha, o isolamento opto é fornecido em aplicações como o mecanismo de acionamento de motores, a comutação de máquinas, etc.

Figure 3.22: IC optoacoplador

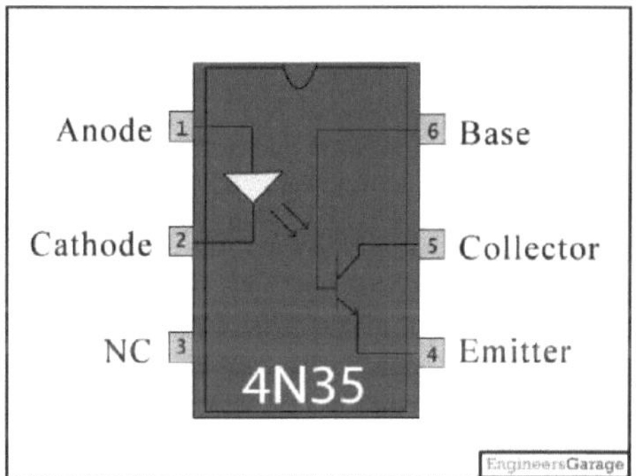

Figura 3.23: Diagrama de pinos do optoacoplador

3.3.6 LCD

O LCD é um dispositivo passivo, utilizado para mostrar o estado de uma aplicação, apresentar valores, depurar um programa, etc. Não produz qualquer luz para apresentar caracteres, imagens, vídeos e animações. Mas limita-se a alterar a luz que o atravessa.

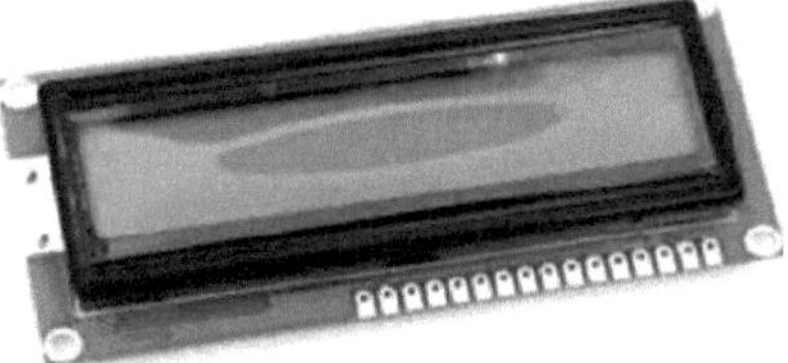

Figura 3.24: LCD

3.3.6.2 Descrição dos pinos do LCD:

Tabela 3.3: Descrição dos pinos do LCD

Pin	Symbols and functions
1	GND
2	VCC (+5v)
3	Contrast adjust
4	(RS) ==>> 0 = Instruction input / 1 = Data input
5	(R/W) ==>> 0 = Write to LCD Module / 1 = Read from LCD module
6	(E) ==>> Enable signal
7	(DB0) ==>> Data Pin 0
8	(DB1) ==>> Data Pin 1
9	(DB2) ==>> Data Pin 2
10	(DB3) ==>> Data Pin 3
11	(DB4) ==>> Data Pin 4
12	(DB5) ==>> Data Pin 5
13	(DB6) ==>> Data Pin 6
14	(DB7) ==>> Data Pin 7
15	(VB+) ==>> back light (+5V)
16	(VB-) ==>> back light (GND)

3.3.7 Sensor de temperatura LM35

É utilizado para detetar a temperatura do ambiente circundante, a fim de fornecer um resultado preciso ao utilizador. O LM35 é o sensor de temperatura de circuito integrado mais comummente utilizado. Fornece uma tensão de saída que varia linearmente com a temperatura em graus Celsius. Não necessita de qualquer calibração externa.

3.3.7.1 Diagrama de pinos do LM35

Figura 3.25: Descrição dos pinos do LM35

Tabela 3.6: Descrição dos pinos do LM35

Pin No	Function	Name
1	Supply voltage; 5V (+35V to -2V)	Vcc
2	Output voltage (+6V to -1V)	Output
3	Ground (0V)	Ground

3.3.7.2 Caraterísticas

- Calibrado diretamente em Celsius
- O fator de escala é linear - +10mV°C
- O intervalo de temperatura é de -55 a 150°C

- A gama de tensão de entrada é de 4 a 30 Volts
- Corrente de drenagem mínima de 60uA
- Corrente máxima de saída - 10mA
- Mantém a exatidão de +/- 4°C à temperatura ambiente e +/- 8°C no intervalo de 0 a 100°C

3.3.10Transístor

Um transístor é um dispositivo semicondutor utilizado para amplificar e comutar sinais electrónicos e energia. O transístor é o elemento fundamental dos dispositivos electrónicos modernos. É utilizado em rádios, calculadoras e em todos os circuitos electrónicos grandes e pequenos. Os estilos de embalagem variam consoante a aplicação.

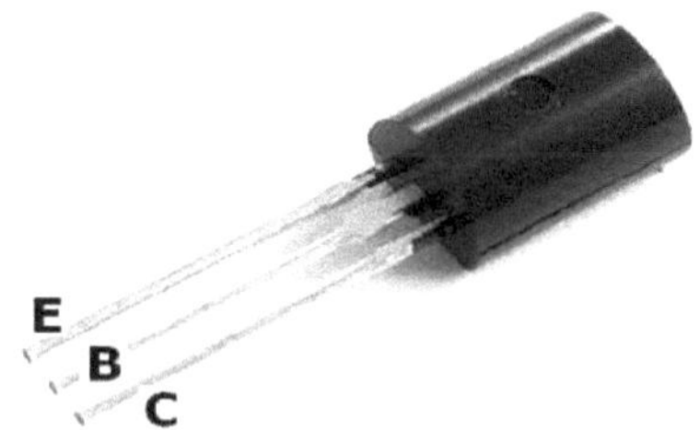

Figura 3.26: Transístor

CAPÍTULO 4

Desenvolvimento de SOFTWARE e conceção de PCB

4.1 Implementação de software

Este capítulo trata do desenvolvimento do software de controlo dos parâmetros para manter uma coordenação adequada entre os módulos, de modo a satisfazer as condições necessárias ao bom funcionamento deste trabalho.

mikroC

O PIC é o chip de 8 bits mais aceite e mais utilizado no mundo para uma variedade de aplicações. O MikroC PRO for PIC é um compilador ANSI C completo para componentes PIC. Foi desenvolvido pela Microchip. Fornece a melhor resolução para a conceção de código para componentes baseados em PIC. . Fornece várias funcionalidades, tais como IDE instintivo, compilador predominante com optimizações complexas, muitas bibliotecas de hardware e software e ferramentas adicionais que fornecem ajuda ao utilizador.

4.1.1 Visão geral do IDE

As caraterísticas da janela do editor de código incluem Realce da sintaxe, Dobragem de códigos, Associação de código e parâmetros, Correção automática de tipos comuns de códigos e também fornece modelos para vários códigos.

- A disponibilização do Code Explorer para simplificar a gestão do projeto.
- O gestor de projectos gere simultaneamente vários projectos.
- A janela Configurações do projeto fornece as configurações gerais do projeto.
- As bibliotecas que são utilizadas no desenvolvimento do projeto são simplesmente geridas pelo gestor de bibliotecas.
- Todos os erros que são examinados durante a compilação e a ligação são mostrados na Janela de Erros.
- Para depurar a lógica executável gradualmente ou passo a passo, é necessário o Simulador de Software de nível de fonte.
- Permite a utilização do Assistente de Novo Projeto para criar um projeto de forma rápida, fácil e simples.
- Também fornece ficheiros de ajuda para examinar a sintaxe e o contexto.
- Também permite modificar o layout do mikroC PRO para PIC
- O corretor ortográfico incorporado sublinha os identificadores que são desconhecidos para o projeto e pode ser desativado escolhendo a opção específica na caixa de diálogo Preferências

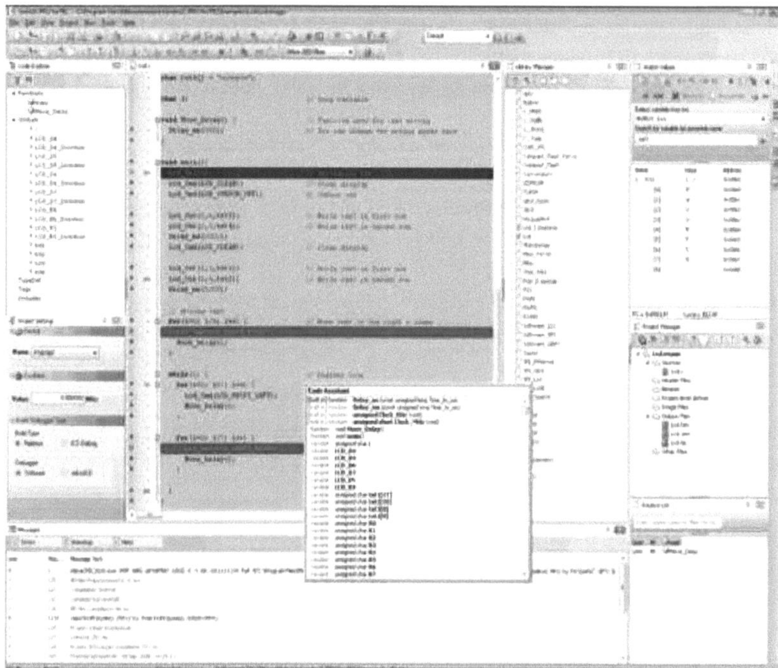

Figura 4.1: IDE do mikroC

4.1. 2Introdução

O software é uma parte integrante de qualquer sistema de controlo; interage com o hardware para realizar diferentes funções responsáveis pelo controlo dos parâmetros. No trabalho em causa, o software pode ser dividido nas seguintes subpartes

-Desenvolver um sistema que distribua automaticamente os nutrientes às raízes das plântulas de uma forma especificada (20 seg. no tempo e 300 seg. fora do tempo)

-Para visualizar a hora de ligar/desligar no LCD

-Monitorizar e controlar a temperatura

-Para visualizar a temperatura no LCD

-Monitorizar e controlar o nível de nutrientes na caixa de cultivo

-Para visualizar o nível de nutrientes no LCD

4.1.3 Caraterísticas do mikroC PRO para PIC IDE

O mikroC PRO para PIC permite as seguintes aplicações complexas:

-Escreva código-fonte C que inclua parâmetros e assistentes de código, dobragem de códigos, alta iluminação de sintaxe, correção automática de código utilizando a janela integrada do Editor de Código

- Inclui a utilização das bibliotecas PIC do mikroC PRO para aumentar a velocidade de desenvolvimento do projeto, aquisição de dados, elementos de memória, visualização de caracteres, conversões e comunicação.
- Monitorizar a estrutura do programa, as diversas variáveis e funções utilizadas na janela Code Explorer.

- Gera comentários humanamente aceitáveis em assembly e também em HEX, o que é compatível com todos os programadores.
- Para determinar a execução do programa do hardware desenvolvido, recorre-se à ferramenta de depuração em tempo real conhecida como mikroICD (In-Circuit Debugger) integrado.
- Examinar o fluxo do programa e utilizar o Simulador de Software integrado para depurar a lógica executável e reduzir os erros.
- Fornecer os dados inclui informações detalhadas de relatórios e gráficos que têm mapas de memória RAM e ROM, estatísticas de código, lista de código de montagem, árvore de chamadas, etc.

4.2 Conceção de PCB

4.2.1 Introdução

A placa de circuitos impressos (PCB) é parte integrante de um produto eletrónico e a sua conceção desempenha um papel importante na conceção do produto. A conceção da disposição da placa de circuito impresso ajuda a conceber a interligação dos componentes e a minimizar a influência dos efeitos parasitas associados à realização destas ligações.

4.2.2 Fluxo de conceção de PCB

Há várias etapas básicas envolvidas na produção de uma placa de circuito impresso. A maioria dos projectos começa com um esquema desenhado à mão e um plano de design. Com estes, o circuito é prototipado e testado para verificar se o desenho funciona corretamente. Depois, utilizando software, é criada uma versão eletrónica do esquema. A partir do esquema eletrónico, é criado um ficheiro de lista de redes, que é utilizado noutro software para criar a disposição física da placa de circuito impresso. Em seguida, os componentes são colocados e encaminhados no software de disposição física e são criados ficheiros Gerber. Estes ficheiros são utilizados num sistema de prototipagem para fresar, perfurar e cortar o substrato da placa de circuito impresso. Finalmente, a placa é testada para verificar se funciona como esperado.

As principais etapas do processo de conceção e fabrico de placas de circuito impresso são as seguintes:

1. Conceber e testar o circuito protótipo - à mão
2. Capturar o esquema do circuito - utilizando o Oread Capture
3. Efetuar a apresentação física do circuito - utilizando o Oread Layout
4. Fabricar, preencher e testar a placa de circuito impresso

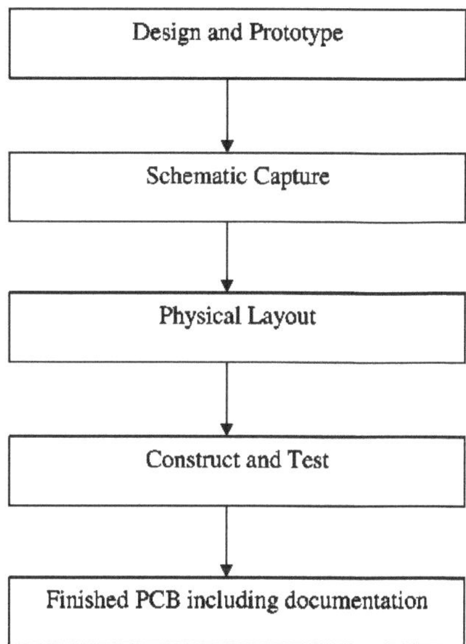

Figura 4.2: Fluxo de conceção de PCB

4.3 ORCAD

É necessária uma ferramenta para desenvolver o esquema e a disposição do hardware e a ferramenta mais utilizada para este efeito é o ORCAD. Depois de todos os módulos terem sido devidamente testados e incorporados na placa de circuito impresso geral e de o hardware completo do produto ter sido desenvolvido, para garantir a sua fiabilidade, é desenvolvido um protótipo profissional, denominado placa de circuito impresso, que é concebido utilizando o software específico ORCAD.

4.3.1 Caraterísticas do ORCAD

- O ORCAd fornece uma variedade de operações RATS para o projeto de PCB.
- Mostrar também nomes de redes utilizando várias funções de nomes de redes incorporadas
- Também tem a capacidade de produzir modelos 3D de design de hardware
- Fornecer funções de encaminhamento e deslizamento de grupos para a conceção de uma PCB
- Estabelecer a ligação entre várias formas utilizando vários parâmetros de forma
- Fornecer dois tipos de formas utilizadas na conceção de PCB: dinâmicas e estáticas
- Utilizado para criar várias formas e círculos para desenhar uma placa de circuito impresso.
- Na janela do editor de placas de circuito impresso, gera a película de trabalho artístico
- Para evitar o problema de fabrico, fornece novas funções de entrada de teclado
- Também permite editar as formas

- Tem também a possibilidade de criar trajectos em curva.

4.4 Esquema do circuito

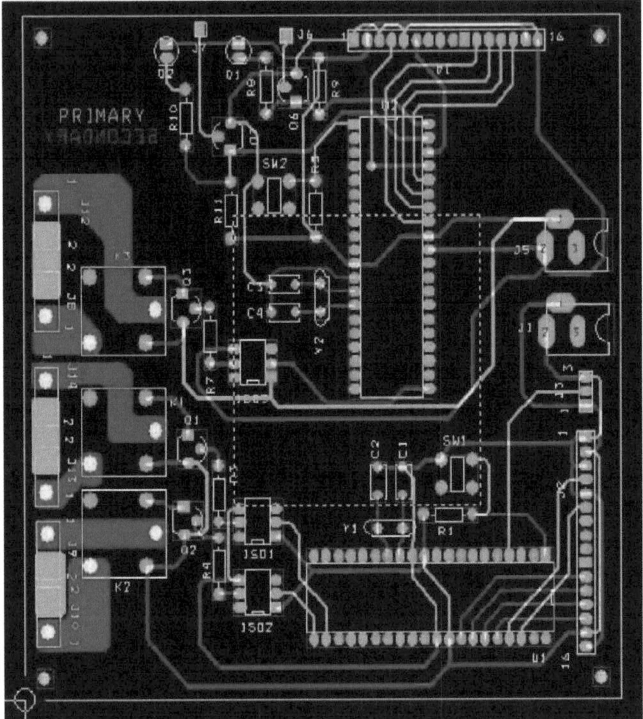

Figura 4.3: Esquema do circuito

CAPÍTULO 5

RESULTADO e discussão

5.1 Teste de circuitos incorporados

5.1.1 Teste On-Off:

Através do circuito integrado, o sistema aeropónico foi operado e o tempo de ligar/desligar foi observado utilizando um cronómetro durante 5 vezes. Como se pode ver na tabela 1, o sistema funcionou de acordo com os parâmetros de projeto.

Tabela 5.1: Teste do tempo de ativação/desativação do atuador em diferentes intervalos

No. of events	Actuator time		Stopwatch time	
	On	Off	On	Off
1	20	300	20	300
2	20	300	20	300
3	20	300	20	300
4	20	300	20	300
5	20	300	20	300

5.1.2 Teste da bomba do reservatório:

O funcionamento da bomba do reservatório foi testado 5 vezes. A torneira instalada na câmara de cultivo foi deixada ligada. Quando o nível da solução atingia um nível baixo, a bomba do reservatório ligava-se e começava a encher a caixa de cultivo com solução nutritiva. Quando o nível da solução atingiu um nível alto predefinido na caixa de cultivo, a bomba do reservatório foi desligada de forma atomizada. Como é evidente na tabela 2, o funcionamento da bomba do reservatório foi exato como desejado.

Tabela 5.2: Teste on-off da bomba do reservatório

No. of events	Low level	High level
1	Pump on	Pump off
2	Pump on	Pump off
3	Pump on	Pump off
4	Pump on	Pump off
5	Pump on	Pump off

5.1.3 Teste da ventoinha de arrefecimento:

A ventoinha de arrefecimento foi testada em função da temperatura. Ligava-se quando a temperatura atingia mais de 26°C e desligava-se a 23°C. Este processo de atomização foi registado 3 vezes.

Tabela 5.3: Teste da ventoinha de arrefecimento em intervalos diferentes

No. of events	Temperature above 26°C	Temperature below 23°C
1	Fan on	Fan off
2	Fan on	Fan off
3	Fan on	Fan off

O teste do circuito integrado mostra que este circuito é adequado para o funcionamento e controlo do sistema aeropónico.

5.2 Teste do sistema aeropónico

O sistema do tipo balde recentemente desenvolvido foi efetivamente testado através do cultivo de cabaça amarga. O sistema funcionou sem qualquer problema. Os parâmetros e o desempenho da cultura são indicados no quadro 4. Não houve torção, afrouxamento ou desprendimento dos caules e as raízes foram totalmente cobertas pelo aspersor de solução nutritiva. As raízes foram montadas sobre a divisória instalada na câmara de cultivo e também ficaram parcialmente submersas na solução.

Temperatura Tabela 5.4: Parâmetros da cultura em sistema aeropónico

Parameter	Description
Date of planting in net-cups	27 March 2014
Date of shifting cups to aeroponic system	1 April 2014
Root initiation	5days after planting in moss grass
Appearance of flowers	40 days after planting
First picking	50 days after planting
Average no. of fruits per plant	15

5.3 Variação

A temperatura foi registada em diferentes intervalos de tempo durante o dia para compreender a variação em função do tempo e das condições. Na maior parte do tempo, a temperatura da câmara de crescimento, como se pode ver na figura 8, era inferior à temperatura da estufa e era inferior a 26 graus C, o que é considerado bom para o crescimento da cabaça amarga.

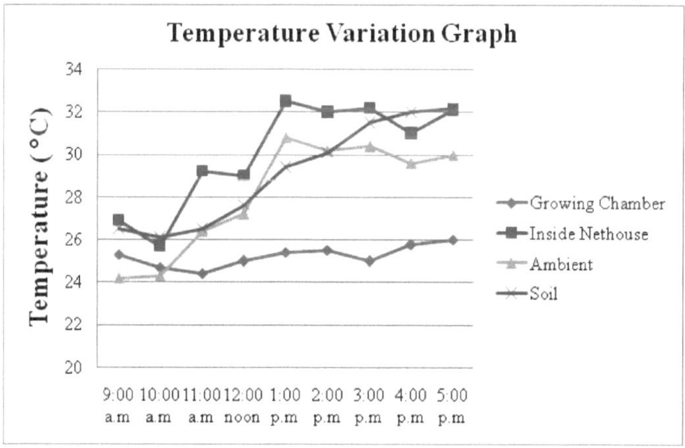

Figura 5.1: Variação da temperatura

5.4 Crescimento do comprimento da raiz e do rebento

O comprimento máximo da raiz e do rebento foi registado regularmente. Como mostra a figura 9, o crescimento da raiz e do rebento foi constante. No método de cultivo convencional, são necessárias aproximadamente 8-9 semanas [4] para colher o primeiro fruto maduro. No presente estudo, o primeiro fruto maduro foi colhido em 6 semanas após a plantação.

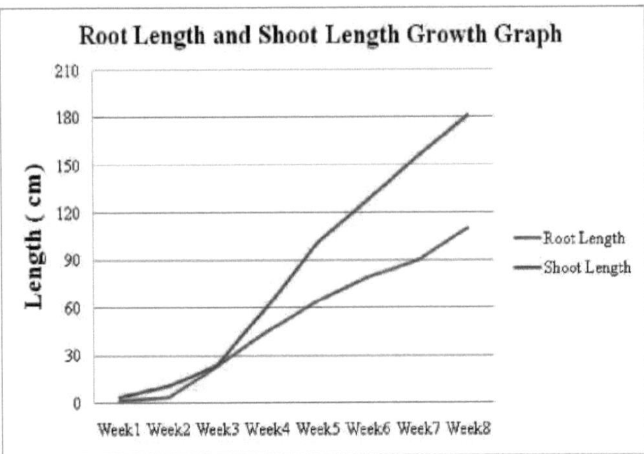

Figura 5.2: Crescimento da raiz e do rebento da cabaça amarga

5.5 Teste de pH e CE

O teste foi efectuado manualmente com um medidor de TDS da marca Hanna. Foram estabelecidos pontos de teste para controlo cruzado dos valores.

Table 5.5: Valores de pH observados em diferentes pontos de ensaio

Test Point	pH
1	6
2	6
3	6

Table 5.6: Valores de CE obtidos em diferentes pontos de ensaio

Test Point	EC
1	2
2	2
3	2

5. 6Teste do sensor de temperatura

Foram utilizados um sensor e um termómetro para medir a temperatura em diferentes intervalos de tempo. Ambos funcionaram com exatidão e da forma especificada.

Tabela 5.7: Valores de temperatura em diferentes condições

Condition	Sensor (°C)	Thermometer (°C)
Initial Chamber	27	27
Sprinkler On	24	24
After 2 minutes	24.8	24.8
Polyhouse	24.3	24.3

Figura 5.3: Fase de iniciação da raiz da cabaça amarga

Figura 5.4: Flores femininas na videira de cabaça amarga

Figura 5.5: Flores masculinas na videira de cabaça amarga

Figura 5.6: Iniciação do fruto após a polinização

Figura 5.7 Frutos maduros de cabaça amarga

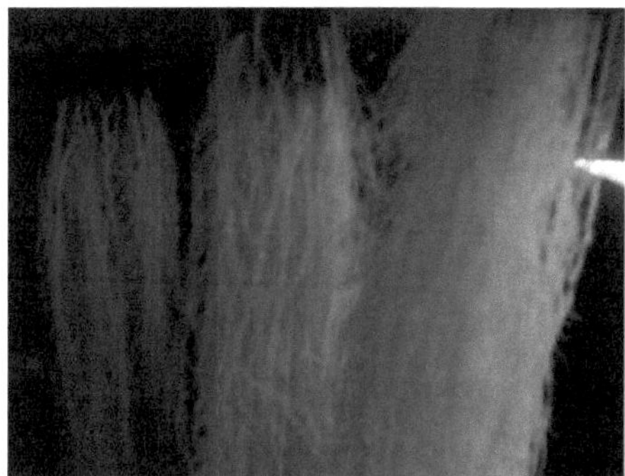

Figura 5.8: Massa radicular no interior da câmara de crescimento

Figura 5.9 Crescimento vegetativo com cabaças amargas no sistema protótipo

Figura 5.10: Crescimento vegetativo no topo da caixa de cultivo

CAPÍTULO 6

CONCLUSÕES e âmbito futuro

6.1 Conclusão

Os resultados do funcionamento e dos ensaios deste protótipo de sistema aeropónico e do circuito integrado indicam que o sistema funcionou eficientemente e que o circuito acionou os actuadores de acordo com os parâmetros de conceção.

A partir deste sistema protótipo, conclui-se que, se o sistema for desenvolvido comercialmente utilizando a "Verdadeira Técnica Aeropónica" e for bem mantido, produzirá aproximadamente 25-30 cabaças amargas por planta. Esta técnica tem potencial para produzir legumes não sazonais, nutritivos, isentos de pragas e doenças e pode produzir frutos frescos durante todo o ano. Se esta tecnologia for utilizada em toda a Índia, a produção aumentará de forma notável, tornando a Índia nos principais produtores e exportadores de cabaça amarga e dando um novo rumo ao sector agrícola, médico e económico.

6.2 Âmbito futuro

- Parece haver uma boa possibilidade de utilizar este circuito integrado em sistemas aeropónicos à escala comercial.
- Este método deve também ser testado noutros sistemas de produção sem solo no futuro.
- Além disso, o sistema aeropónico pode ser testado para o cultivo de outros vegetais e plantas medicinais importantes em ambiente limpo.
- Esta tecnologia parece ter um bom alcance se forem concebidos sistemas de automatização e controlo adequados.

Referências

[1] Aeroponia na produção de sementes de batata. http://taga.co.in/writeups/4.html (acedido em 4 de dezembro de 2014).

[2] AVARDC. Projeto Cabaça Amarga para a Diabetes. http://www.bitter-gourd.org/project/ (acedido em 27 de maio de 2014).

[3] AVARDC. The World Vegetable Center, http://avrdc.org/ (acedido em 27 de maio de 2014).

[4] Bitter Melon, http://www.rain.org/greennet/docs/exoticveggies/html/bittermelon. htm (acedido em 26 de maio de 2014).

[5] Estação Central de Investigação da Batata, Shimla, "Relatório Anual", 2011-12.

[6] Estação Central de Investigação da Batata, Shimla, "Relatório Anual", 2012-2013.

[7] Chiipanthenga, Margaret, et al. "Potencial do sistema aeropónico na produção de sementes de batata (Solanumtuberosum 1.) de qualidade nos países em desenvolvimento." Jornal Africano de Biotecnologia 11.17 (2012): 3993-3999.

[8] Anuário Estatístico da FAO 2013. Alimentação e Agricultura Mundial. http://www.fao.org/docrep/018/i3107e/i3107e.PDF (acedido em 27 de maio de 2014).

[9] Howard M. Resh, Cultura de plantas, "Hydroponic Food Production", 7ª edição revista, 2012.

[10] Farran, Imma, e Angel M. Mingo-Castel. "Produção de minitubérculos de batata em aeroponia: efeito da densidade de plantas e dos intervalos de colheita." *American Journal of Potato Research* 83.1 (2006): 47-53.

[11] Idris, Irman, e Muhammad IkhsanSani. "Monitorização e controlo do sistema de cultivo aeropónico para a produção de batata. *"Control, Systems & Industrial Informatics (ICCSII), 2012 IEEE Conference on.iEEE,* 2012.

[12] Jayapalan, Manjusha, e NP KumariSushama. "Constrangimentos no cultivo da cabaça amarga (Momordicacharantia *E.)." Journal of Tropical Agriculture* 39.1 (2001).M. King e B. Zhu, "Gaming strategies," in Path Planning to the West, vol. II, S. Tang e M. King, Eds. Xian: Jiaoda Press, 1998, pp. 158-176.

[13] Nugaliyadde, M. M., et al. "An aeroponic system for the production of pre-basic seed potato" [Um sistema aeropónico para a produção de batata-semente pré-básica]. *Anais do Departamento de Agricultura do Sri Lanka* 7 (2005): 199- 288.

[14] Ritter, E., et al. "Comparison of hydroponic and aeroponic cultivation systems for the production of potato minitubers." *Potato Research* 44.2 (2001): 127- 135.

[15] Rolot, J. L., e H. Seutin. "Soilless production of potato minitubers using a hydroponic technique. *"Potato Research* 42.3-4 (1999): 457-469.

[16] Tsoka, O., et al. "Produção de tubérculos-semente de batata a partir de cortes in vitro e de caule apical em sistema aeropónico." *African Journal of Biotechnology* 11.63 (2012): 12612-12618.

[17] Wild, S., Roglic, G., Green, A., Sicree, R., King, H. 2004. Global prevalence of diabetes: estimates for the year 2000 and projections for 2030. Diabetes care 27(5): 1047-1053.

[18] 22 Amazing Benefits And Uses Of Bitter Melon/Bitter Gourd For Skin, Hair And Health.http://www.stylecraze.com/articles/amazing-benefits-of-bittermelonbitter -gourd/ (acedido em 23 de maio de 2014).

[19]https ://www. sparkfun.com/datasheets/Components/LED/COM-09590-Y SL- R531R3D-D2.pdf, "LED datasheet".

[20] http://pdf.datasheetcatalog.com/datasheet/MicroElectronics/mXuwzwr.pdf, "bc547 datasheet".

[21] http://www.circuitstoday.com/liquid-crystal-displays-lcd-working, "LCD working".

[22] http://www.engineersgarage.com/electronic-components/lm35-sensor-datasheet, "LM35 datasheet".

[23] forum.grasscity.com/aeroponics/480651-true-aeroponics.html, "Verdadeira aeroponia".

[24] www.nasa.gov/vision/earth/technologies/aeroponic_plants.html, "NASA Progressive Plant Growing is a Blooming Business".

[25] http://wwl.microchip.com/downloads/en/DeviceDoc/39582C.pdf, "PIC16F877A datasheet".

Printed by Books on Demand GmbH, Norderstedt / Germany